BEI GRIN MACHT SICH IHR WISSEN BEZAHLT

- Wir veröffentlichen Ihre Hausarbeit, Bachelor- und Masterarbeit

- Ihr eigenes eBook und Buch - weltweit in allen wichtigen Shops

- Verdienen Sie an jedem Verkauf

Jetzt bei www.GRIN.com hochladen und kostenlos publizieren

Bibliografische Information der Deutschen Nationalbibliothek:

Die Deutsche Bibliothek verzeichnet diese Publikation in der Deutschen National-
bibliografie; detaillierte bibliografische Daten sind im Internet über http://dnb.d-
nb.de/ abrufbar.

Impressum:

Copyright © 2006 GRIN Verlag, Open Publishing GmbH
Druck und Bindung: Books on Demand GmbH, Norderstedt Germany
ISBN: 9783640617715

Dieses Buch bei GRIN:

http://www.grin.com/de/e-book/150442/technologie-und-gruenderzentren

Christoph Böhm

Technologie und Gründerzentren

GRIN Verlag

Johannes Gutenberg-Universität Mainz
Geographisches Institut
Humangeographie II (Wirtschaftsgeographie)

Titel: Technologie und Gründerzentren
Referent: Christoph Böhm

Technologie und Gründerzentren

A. Inhaltsverzeichnis

Seite

1. Was sind Technologie und Gründerzentren und in welchem Maße sind sie für unsere Wirtschaft notwendig?

Ich möchte mich in dieser Arbeit mit den Technologie und Gründerzentren beschäftigen. Wie schon das AMTSBLATT DER EUROPÄISCHEN GEMEINSCHAFTEN (1990, S.51 f.) muss man den Begriff zuerst erklären und somit als Einrichtungen, die Unternehmensgründungen durch Mieträume, Gemeinschaftseinrichtungen und Beratungsleistungen des Managements fördern, bezeichnen. Innovationsaktivitäten sind nicht erforderlich.

Diese sind nicht zu verwechseln mit Gewerbeparks, die keinerlei Innovationsorientierung oder Aufnahmekriterien an die Unternehmen stellen.

Demnach versteht man unter Technologie und Gründerzentren eine Standortgemeinschaft von relativ jungen und zumeist neu gegründeten Stammunternehmen die, in gefördertem Umfeld, an innovativen Projekten arbeiten (vgl. STERNBERG 1988: 86 f.).

In der Arbeit habe ich mir nun die Frage nach der Notwendigkeit von Technologie und Gründerzentren gestellt und erarbeite dies indem ich mich zuerst mit den Allgemeinen Prinzipien auseinandersetze und anschließend die Standortfaktoren für ein Gründerzentrum betrachte. Des Weiteren stelle ich die Vor bzw. Nachteile heraus und mache diese an den Beispielen des Technologiezentrum Mainz und des Raums Cambridge fest. Da es in Europa etwas 800 dieser Technologie und Gründerzentren gibt, von denen knapp die Hälfte in Deutschland existiert stellt sich mir abschließend die Frage nach der Notwendigkeit von Technologie und Gründerzentren.

2. Allgemeine Prinzipien von Technologie und Gründerzentren (TGZ)

Technologie und Gründerzentren handeln im Allgemeinen nach dem Prinzip der Gebens und Nehmens.

Sie stellen verschiedenartige Leistung zur Verfügung, wie zum Beispiel billige Mietflächen und verschiedenste Beratungsleistungen, erwarten im Gegenzug die Beteiligung an erarbeiteten Patenten oder, politisch gesehen, eine volkswirtschaftliche Verbesserung der Region und des jeweiligen Arbeitsmarktes. Zudem dient ein TGZ der Standortattraktivität einer Region. Durch diese Vorleistungen besitzen die jungen Unternehmen gute Startbedingungen zur Existenzgründung.

Die Unternehmen werden in großen Gewerbekomplexen angesiedelt und pflegen teilweise starken Kontakt zu so genannten Forschungs- und Entwicklungseinrichtungen (FuE). So auch im späteren Beispiel Cambridge zu sehen.

2.1. Standortvoraussetzungen

Als erste und wohl wichtigste Voraussetzung kann die räumliche Immobilität der Firmengründer gesehen werden. Das schon bestehende Kontaktnetzwerk der Jungunternehmer kann ebenso wie private Gründe, z.B.: Familie, Freunde, als Grund für die Raumgebundenheit gelten.

Ein weiterer wichtiger Punkt ist die Anbindung an die schon erwähnten FuE Einrichtungen die als Inkubatoren (also Quellen oder Anstoßgeber) für neue Projekte dienen (vgl. Das Beispiel Raum Cambridge).

Des Weiteren kann eine positive Absatzstruktur und eine relative Kundennähe als Standortvoraussetzung für den Beitritt in ein TGZ angesehen werden. Hier kann eine gute Infrastruktur bei schlechterer Kundennähe jedoch ausgleichend wirken (vgl. TAMÁSY 1996). Somit kann ein Mitglied eines Technologie und Gründerzentrums als regional gebunden bezeichnet werden. Dies lässt folglich den Schluss zu, dass es nur schwierig durch andere TGZ, Länder oder Kreise abgeworben werden kann. Diese soziale Komponente beschreibt BATHELT (2002) in Verbindung mit der vorher beschriebenen ökonomischen Komponente als sozioökonomischen Kontext.

2.2. Vorteile für Unternehmen

Wie schon zu Beginn erwähnt, lassen sich hier vorzugsweise die Mieträume an attraktiven Standorten erwähnen, die durch Förderung des Bundes, der Länder oder Kommunen sehr günstig sind. Sie kommen wie im Beispiel des Technologiezentrums Mainz meins nicht direkt durch niedrige Mitpreise zustande, sondern durch die nicht anfallenden Mieten im Bereich der Gemeinschaftseinrichtungen.

Weitere Vorteile sind diese zur Verfügung gestellten Gemeinschaftseinrichtungen, wie zum Beispiel: Kantine, Sitzungsräume und Telekommunikationsdienste. Sie führen zusammmen zu relativ geringen Fixkosten und erleichtern die ersten Jahre.

Eine weiterer wichtiger Vorteil sind die Kontakte zu den anderen Firmen im TGZ und das dadurch entstandene Kontaktnetzwerk, welches aktiv durch die Betreiber gefördert wird.

Dadurch entstehende Verbindungen zu Forschungs- und Entwicklungseinrichtungen (FuE) können ebenso als Vorteil gesehen werden, wie der informelle Kontakt zu den Firmen im Haus.

Des Weiteren können noch diverse Beratungsleistungen von internen als auch von externen Stellen erwähnt werden. Hier geht es in erster Linie um Gründungsberatungen aber auch um Beratungen in Bereichen der kaufmännischen Seite(Controlling) und Geschäftsplanerstellung. Dies ist nicht zuletzt ein wichtiger Vorteil, da junge Unternehmensgründer, mit ihren meist technischen Ausbildungen, in den Bereichen Management und Marketing fehlende Erfahrung aufweisen (vgl. TAMÁSY 1996: 21).

Einen letzten Vorteil beschreibt STERNBERG (1996: 68) indem er die „gute Adresse" benennt und damit die hohe Akzeptanz dieser Form von Einrichtung belegt.

2.3. Nachteile für Unternehmen

Ein großer Nachteil dieser Wirtschaftssymbiose ist die finanzielle Belastung des Steuerzahlers, der für die guten Startbedingungen mit seinen Steuergeldern sorgt. Diese Gelder kommen, wenn überhaupt erst nach vielen Jahren durch die Schaffung von Arbeitsplätzen zurück.

Zudem kommt die Gefahr der Wirtschaftsspionage, welche bei einem so dicht gedrängten Arbeitsplatz nicht auszuschließen ist. Man denke hier nur an gemeinschaftlich genutzte Sitzungs- und Besprechungszimmer.

Ein weiterer Nachteil ist die notwendige Reglementierung der ansässigen Unternehmen durch den Betreiber. Eine solche Zusammenarbeit bedarf gewisser Spielregeln, Hier sind zum Beispiel die Nutzungszeiten der schon erwähnten Räume oder Beratungsdienst zu sehen. Des Weiteren kann eine erhöhte Ablenkung durch Besuche von Kunden auf dem Gelände des TGZ angeführt werden.

2.4. Das Technologiezentrum Mainz (TZM) und der Raum Cambridge als Beispiele

Als erstes Beispiel für meine Betrachtungen zum Thema Technologie und Gründerzentren möchte ich das Technologiezentrum Mainz anführen.

Zu Beginn die wichtigsten Fakten:

Inbetriebnahme: 01.07.1987

Auslastung: über 80% (strukturbedingt, vergangenheitsorientierte Werte)

Mitarbeiterzahl: 5

Der Zweck des TZM ist die Schaffung von hochwertigen und dauerhaften Arbeitsplätzen und die Förderung von innovativen Produkten und Unternehmen.

Es bietet

1. Infrastrukturleistungen

- günstige Mieträume
- Nutzung von Besprechungsräumen und Infrastruktur
- repräsentative Geschäftsadresse

2. Beratungsleistungen

- Gründungsberatung
- Marketingberatung
- Controlling
- Geschäftsplanerstellung

Die Besonderheiten des TMZ sind die beschränkte Aufenthaltzeit von maximal 5 Jahren. Hier soll gewährleistet werden, dass nur eine Starthilfe gegeben wird um dann den Weg für neue Unternehmen frei zu machen.

Junge Unternehmen werden durch das Förderprinzip, welches die Vermittlung von Kontakten und die Ermunterung der Firmen innovative Produkte zu schaffen beinhaltet, sowie das Konzentrationsprinzip, welches das Arbeiten in einem konzentrierten Umfeld mit allen nötigen Mittel beinhaltet, unterstützt.

Die Leistungen gliedern sich in Beratung und die Bereitstellung von Räumlichkeiten bzw. die Nutzung der Infrastruktur (Konferenzräume, Parkplätze, Telekommunikationsanlagen, Geschäftsadresse usw.).

Das Modell sieht zwei Formen der Mitgliedschaft vor. Zum einen besteht die Möglichkeit Mieter zu werden und damit in die Räume des TZM zu ziehen. Zum anderen kennt das Modell die Form des assoziierten Unternehmens. Diese Form kennzeichnet ein Unternehmen, das im Umfeld des TZM angesiedelt ist und mit ihm in engem Kontakt steht. Dies hat zur Folge dass sich im Umfeld eines Technologie und Gründerzentrums eine Ballung von Firmen entwickelt, die direkt oder indirekt mit diesem in Verbindung stehen.

In den letzten Jahren wurden mit Hilfe des Technologiezentrums Mainz mehr als 80 Unternehmen gegründet und weitere 20 Unternehmen beratend unterstützt.

(vgl. ADT 2006)

Als weiteres Beispiel möchte ich den Raum Cambridge, genauer den Raum um die Universität zu Cambridge nennen. In diesem Raum hat sich eine Unternehmervereinigung mit dem Namen „Library House" gegründet. Sie fördert Innovationsunternehmen. Sogar die Universität selbst hat eine Abteilung gegründet, die sich auf die Unterstützung von Jungunternehmern spezialisiert. Sie ist Anlaufstelle für junge Unternehmer und ihre Forschungen. „Viele amerikanische Großfirmen unterhalten Büros, um Kontakt zur englischen Gründerszene zu halten oder Patente von schlecht geführten Kleinstfirmen billig aufzukaufen."

Auch hier wird vermehrt auf Beratung in Fragen des Marketing und Unternehmesführung gesetzt.

Als Gegenleistung erwartet die Universität eine Beteiligung oder erhebt eine Abzahlung.

Das Konzept fußt auf der hervorragenden Universität in Verbindung mit der Möglichkeit für Studenten und Absolventen ihre Ideen in die Tat umzusetzen.

(vgl. MANDL 2005)

3. Eine Chance für zukünftige Wirtschaftsentwicklung und eine Hoffnung für strukturschwache Regionen

Die Notwendigkeit von Technologie und Gründerzentren besteht im einen in dem immensen Wachstumspotential von technologieintensiven Gütern wie zum Beispiel: alternative Energiequellen, Nanotechnologie, und Biotechnologie. Hier bietet sich durch die intensive Vernetzung von Forschung (auch externes Know How von z.B.: Hochschulen) und den jungen Unternehmen beste Rahmenbedingungen und ein zukunftsorientiertes Arbeitfeld.

Zum anderen zeigt sich die Notwendigkeit an der Förderung von strukturschwachen Regionen wie zum Beispiel dem Ruhrgebiet. An der starken Ballung der Zentren in dieser Region ist die Förderung durch finanzielle Mittel des Landes klar zu erkennen (siehe Abb. 1). Die unterdurchschnittliche Repräsentanz in Bayern und vor allem in Hessen liegt an der geringen bzw. nicht vorhandenen Förderung von Seiten des Landes.

Das Beispiel Cambridge zeigt die Wichtigkeit der Anbindung an die Forschungseinrichtungen, wie in diesem Fall an die Hochschule.

Ich sehe daher die Technologie und Gründerzentren als eine große Chance für die zukünftige Wirtschaftsentwicklung. Sie verbinden in idealem Sinn das innovative Potential von Forschungseinrichtungen und die praktische Umsetzungskraft von jungen innovativen Unternehmen. Sie sind geschützte Keimzelle für Entwickler und, belegt durch die Beispiele, schon jetzt eine Hoffnung für strukturschwache Regionen.

Ein positives Fazit kann jedoch nur teilweise getroffen werden, da, wie LUGER & GOLDSTEIN (1991) analysierten, es sich bei den Betrieben in TGZ nur bedingt um Neugründungen handelt. Des Weiteren kann davon ausgegangen werden das auch Unternehmen die nicht innovativ und technologiefixiert sind in solche Parks einziehen. Dies liegt nach BATHELT (2002) an dem sozioökonomischen Kontext. Der besagt das zu den guten Standortvoraussetzungen, also der ökonomischen Seite, auch die soziale Seite gesehen werden muss. Das heißt die Verflechtungen der Neugründer in der jeweiligen Umgebung mit zum Beispiel Kunden oder FuE.

Damit ist dieser Prozess der Neugründungen nur in wenigen Fällen einfach zu Beeinflussen.

Abb. 1 Technologie und Gründerzentren in Deutschland (Stand: 01.01.1994)

Quelle: BEHRENDT 1996, 104

B. Literaturverzeichnis

AMTSBLATT DER EUROPÄISCHEN GEMEINSCHAFTEN vom 27.07.1990, Nr. C
  186/51
ARBEITSGEMEINSCHAFT DEUTSCHER TECHNOLOGIE UND GRÜNDERZENTREN
  (ADT) (2006): Was macht eigentlich das… TZM, mehr Idee pro Kopf!
  Internet: http://www.on-screen.de/tzm-mainz.de/download/leistungen.pdf
  (09.05.2006)
BATHELT, H., J. GLÜCKER (^{2}2002): Wirtschaftsgeographie. Stuttgart
BEHRENDT, H. (1996): Wirkungsanalyse von Technologie und Gründerzentren in
  Westdeutschland. Heidelberg
LUGER, M.I.; GOLDSTEIN H. (1991): Technology in the Garden. Research Parks and
  Regional Economic Development. London
MANDEL, B. (2005): Das Silicon Valley Europas.
  Internet: http://www.spiegel.de/unispiegel/studium/0,1518,350164,00.html (03.05.2006)
STERNBERG, R. (1988): Technologie und Gründerzentren als Instrument kommunaler
  Wirtschaftsförderung. Dortmund
STERNBERG, R. (1996): Bilanz eines Booms, Wirkungsanalyse von Technologie und
  Gründerzentren in Deutschland. Dortmund
TAMÁSY, C. (1996): Technologie und Gründerzentren in Ostdeutschland: Eine regional-
  wirtschaftliche Analyse. Münster.

Weiterführende, nicht zitierte, Literatur

ADT-FOCUS: Arbeitsgemeinschaft deutscher Technologie und Gründerzentren. Berlin
ARBEITSGEMEINSCHAFT DEUTSCHER TECHNOLOGIE UND GRÜNDERZENTREN
  Internet: http://www.adt-online.de/ (10.05.2006)
CONRADS, R. (2001): Vernetzte Wirtschafts- und Gründerzentren im Ostalbkreis. Augsburg
GROß, B. (1995): Technologie und Gründerzentren in Polen. Berlin
MASSEY, D., QUINTAS, P., WIELD, D. (1992): High- Tech Fantasies. Science Park in
  Society, Science, and Space. New York
PETT, A. (1994): Technologie- und Gründerzentren: empirische Analyse eines Instruments
  zur Schaffung hochwertiger Arbeitsplätze. Frankfurt am Main